DIQIU DA FAXIAN

地球大发现

[英] North Parade 出版社◎编著　　段晓丽　刘静言◎译

云南出版集团　晨光出版社

目录

地球的起源……4

早期的地球……6

地球的结构……8

岩石、矿物质和水晶……10

地球的表面……12

山脉……14

地震……16

火山……18

地球的大气层……20

地球上的生命……22

远古生命……24

地球上的植物……26

水，无处不在……28

海洋生物……30

天气条件……32

地球气候……34

栖息地……36

乐于改变……38

自然资源……40

词汇屋……42

地球的起源

没有人真正了解宇宙是如何形成的，大多数科学家认为宇宙的一切始于140亿年前一次巨大的爆炸，这次爆炸被称为“宇宙大爆炸”。

宇宙大爆炸产生了一个巨大的火球，火球逐渐冷却、膨胀，形成了微小的颗粒，被称为“物质”。

这些物质不断向外扩散，宇宙开始变化，形成了浓厚的氢气云和氦气云。随着时间的推移，这些云结合在一起，形成稠密的云团，最终形成了第一个星系。

宇宙大爆炸100亿年后，太阳和太阳系的行星在一个螺旋状星系中形成，这个星系被称为“银河系”。

趣味科普

自1930年起，冥王星一直被认为是太阳系的第九大行星。

到2006年，由于质量太小，冥王星被排除在行星范围之外，被称为“矮行星”或“柯伊伯带天体”。

每颗行星都在固定轨道上绕太阳公转。

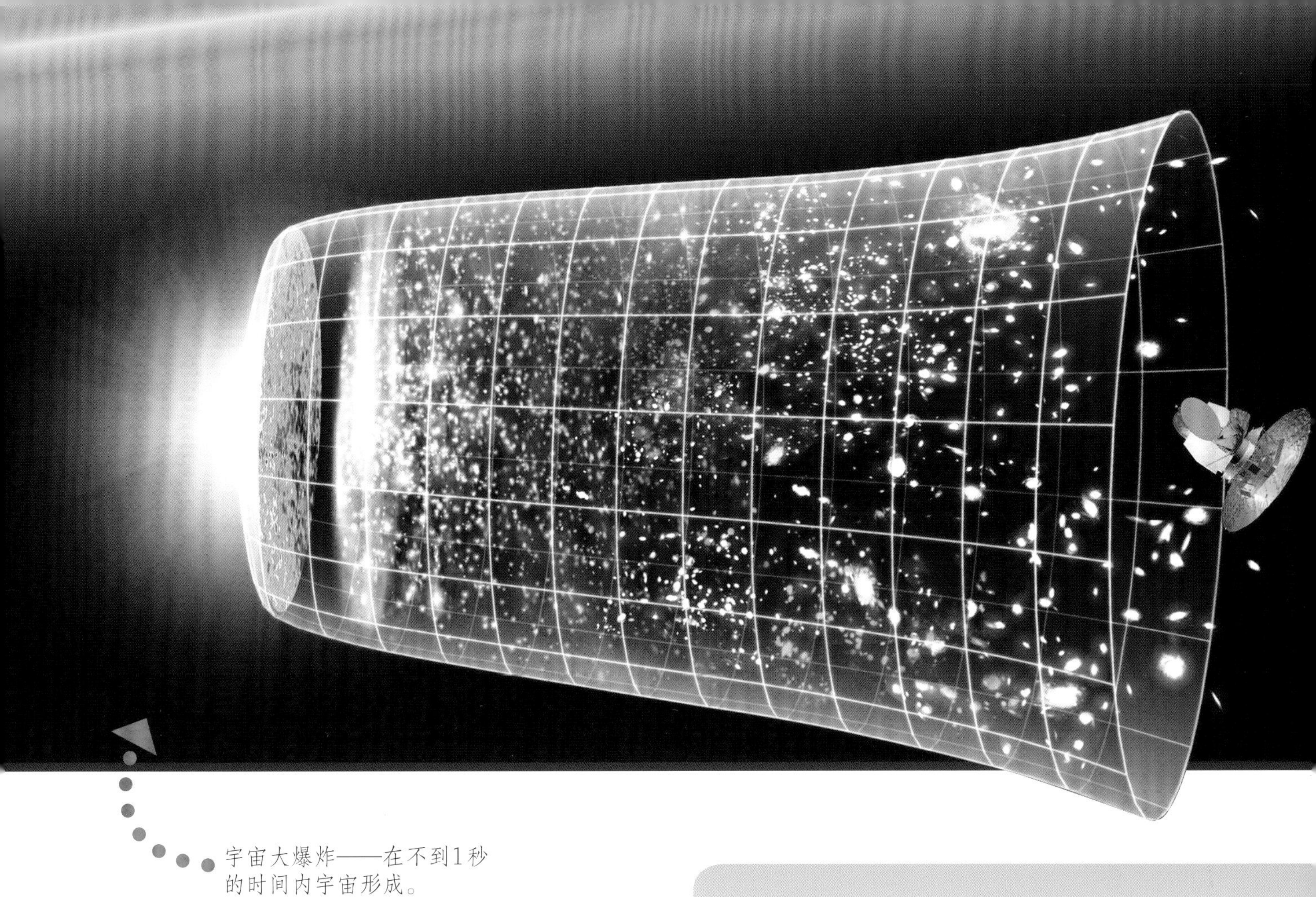

宇宙大爆炸——在不到1秒的时间内宇宙形成。

地球在距太阳1.496亿千米的轨道上绕太阳公转。地球上有适宜的温度，水能够以液态、固态（冰）和气态三种形态存在。

地球有可提供呼吸气体的大气层。从太空俯瞰，我们的星球像是被非常稀薄的蓝色气层环绕。

这些特点意味着地球在太阳系中与众不同，是支持生命存活的星球。

●“地球”至少有1000年历史了，其他所有行星都以古希腊和罗马众神的名字命名。“地球”是一个英语（德语）词汇，意为“土地”。

●尽管这个星球被称为“地球”，但地球表面只有约30%是土地，其余部分都是水。

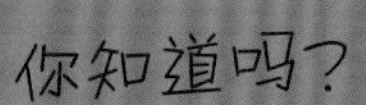

你知道吗？

地球绕太阳一秒钟运行约30千米。

早期的地球

我们从地球上只能看到宇宙的一个微小角落，也只能探索宇宙的很小一部分。

虽然没有确凿的证据能够证明宇宙的起源和地球的形成，但是科学家们搜集了大量的信息证明：地球过去是由岩石构成的。

大多数岩石在数千年、甚至数百万年的时间里一层一层形成，通过研究不同的岩石层，地质学家可以观察到不同历史阶段地球的状况。

三分之二的地球表面被水覆盖。科学家们认为，海洋是地球最初生命形态的家园。

这块寒武纪化石证明：数亿年前，地球上就有生命存在。

趣味科普

整个泥盆纪（4.15亿年前—3.55亿年前）气候炎热干燥，水平面下降。为适应这种环境，一群鱼逐渐能够在水中和陆地呼吸，成了最早的两栖动物。

岩 层

岩层作为直接的证据表明：历史上地球发生了5次生物大灭绝。其间，大量的生物在很短的时间内灭绝，只有最能适应地球环境的生物才能生存繁殖。

在地球的历史长河中，生物灭绝一直是自然发生的。然而人们认为，自人类出现以来，现代生物灭绝率比此前提高了一万倍。

地球上最早的鸟类——始祖鸟的化石。

你知道吗?

现代生物灭绝通常都是由环境污染或栖息地消失造成的，而这与人口增长对日益匮乏的地球自然资源的需求增加息息相关。

地球的结构

地球由不同的地层组成，这些地层早在地球还很年轻的时候就形成了。

地层被强大的地心引力吸引在地球的内地核上。内地核是由铁和镍组成的炽热球体。

有些地层熔化，内部是炽热的液体，外面覆盖着一层固体岩石，叫作“地壳”。

地球表面的岩石不断变化，地层也不断增多。地球主要由三类不同的岩石组成。

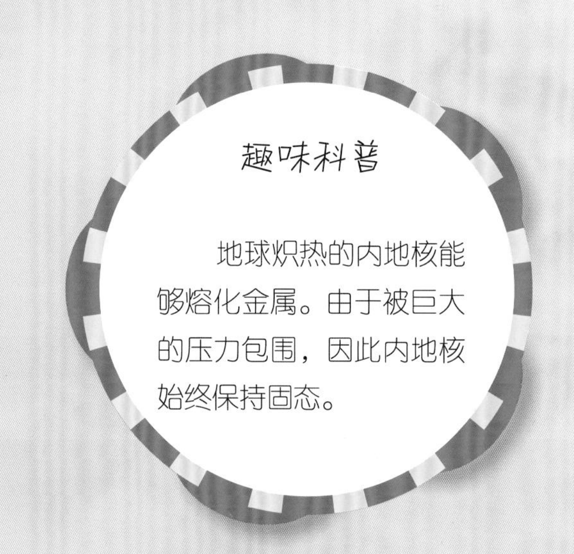

趣味科普

地球炽热的内地核能够熔化金属。由于被巨大的压力包围，因此内地核始终保持固态。

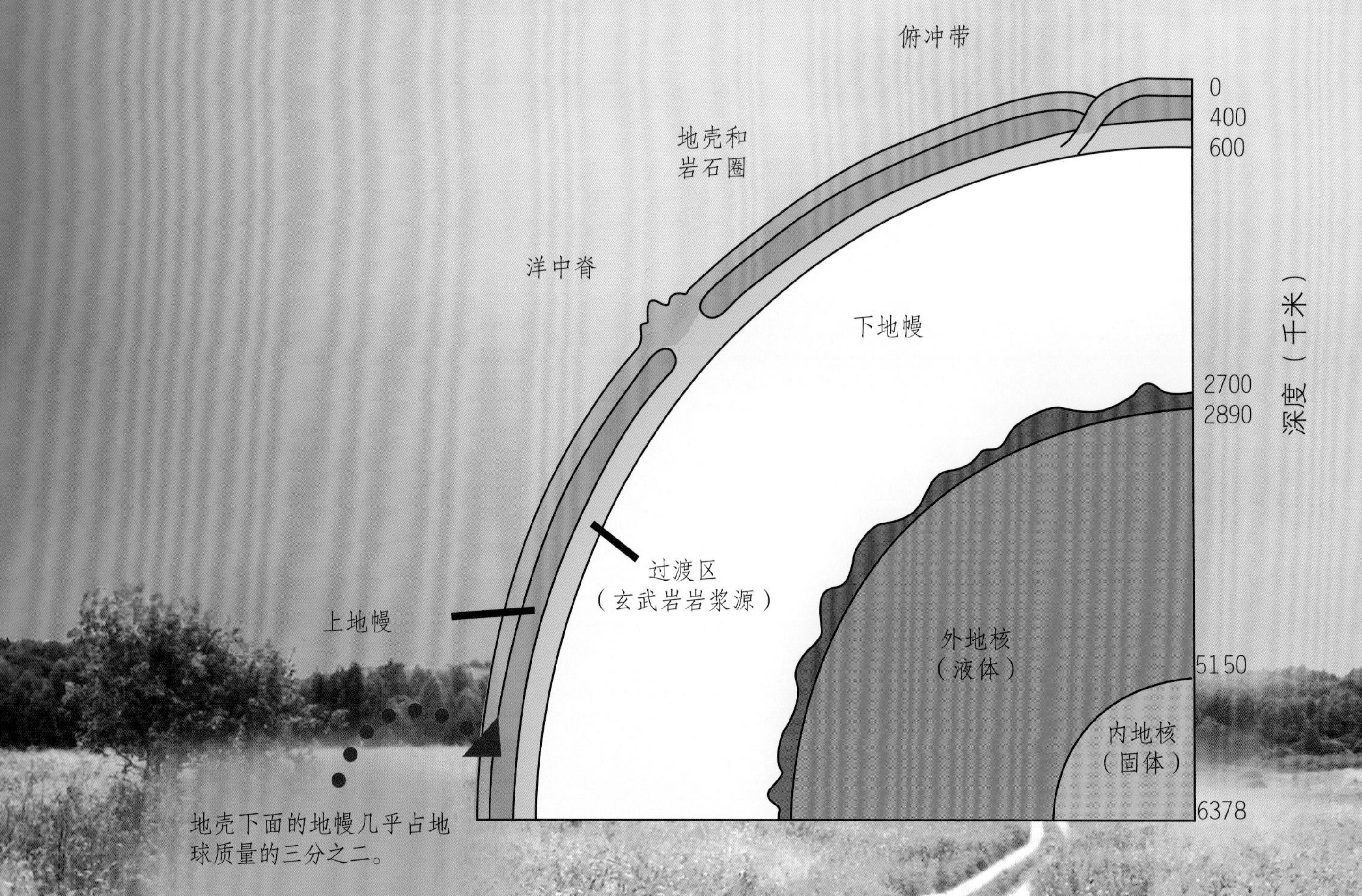

地壳下面的地幔几乎占地球质量的三分之二。

火成岩是由熔化的岩石冷却固化形成。

沉积岩是沉积物（如岩石颗粒）经过水的沉积、埋藏并被挤压进地层形成。

变质岩是已有的岩石在高温高压作用下改造而成的新型岩石。

地壳：温度：约22℃。状态：固态。成分：海洋地壳由铁、氧、硅、镁和铝等组成。大陆地壳由花岗岩、沉积岩和变质岩组成。

上地幔：温度：1400℃~3000℃。状态：固体岩石和液体熔岩。成分：铁、氧、硅、镁和铝等。

下地幔：温度：3000℃。状态：固态。成分：铁、氧、硅、镁和铝等。

内地核：温度：4000℃~6000℃。状态：液态。成分：铁、镍、硫黄、氧等。

外地核：温度：5000℃~6000℃。状态：固态。成分：铁和镍等。

地壳是陆地下最厚的地层。

科学家通过对地震、火山喷发和海洋运动造成的地震波的研究，揭示了埋藏在地球深处的结构秘密。

地震波有两种：无法通过液体传播的剪切波和可以通过液体和固体传播的压力波。两种地震波的传播表明：地球由五层厚度、密度各不相同的岩层组成。

你知道吗？

科学家对地球内地核温度的估算不尽相同，但大致在5000℃~7000℃之间。

岩石、矿物质和水晶

构成地球表面的岩石在不断变化，地面的岩石受天气状况和水的影响，而地下的岩石会被来自地幔的高温熔化，并受到地球深处高压的挤压。

根据形成原因和变化形式的不同，岩石可以分为三类：沉积岩、火成岩和变质岩。

高温、高压和剥蚀作用等外力会引起岩石的变化，这种不断变化的过程和岩石形态的转变过程，被称为“岩石循环”。

你能从地下挖掘出各式各样的岩石、矿物质和水晶，再往下挖就会发现各种标本，你能对应这里的图片，说出你找到的宝贝的名称吗？

浮岩是火山喷发的熔岩形成的火山岩。

砂岩是中等粒度的普通岩石，大多由石英组成。

方解石是碳酸钙矿物，常用于水泥砂浆中。

黄铜矿因其呈黄色且铜含量高而得名。

虎眼石因其与老虎眼睛形似而得名。古罗马士兵认为虎眼石能在战斗中保护自己，因此都佩戴虎眼石。

绢云母是一种细粒矿物，有丝绢光泽。

绿色砂金石是一种石英，被认为可以带来好运。

沙漠玫瑰石是石膏或重晶石簇群形成的，形似玫瑰，富含沙砾。

黄玉只是其中一种颜色的玉宝石，其他颜色还有绿色、白色、橙色、黄色、淡紫色、灰色和黑色等。

紫水晶是一种紫罗兰色的石英，它的名字来自古希腊语词汇，意思是“喝不醉”，因为那时的人们认为紫水晶能保护主人不醉酒。

玫瑰石英呈粉红色，很容易辨识，自古以来都是人们公认的爱与美的象征。

萤石以色彩丰富而闻名，颜色有紫色、蓝色、绿色、黄色、粉色、黑色、红色、橙色等。

方钠石是蓝色矿物，最早发现于格陵兰岛。

花岗岩质地坚硬，含有大量石英晶体。

蔷薇辉石是粉色变质岩，常带有黑色氧化锰斑纹。

冰洲石是透明的方解石，最早发现于冰岛。

玛瑙以其同心图案而闻名，由许多微小的晶体组成，这些微小的晶体只有在显微镜下才能看到。

玄武岩是火山熔岩在地表迅速冷却形成的。

黑曜石是一种自然产生的火山玻璃石，由喷发的火山熔岩迅速冷却后形成，岩石中同时生成小的晶体。

红碧玉是一种不透明的细粒度玉髓。人们还发现了不同颜色的碧玉。

孔雀石是一种碳酸盐晶体，有深绿色和浅绿色纹带。

碧玺的颜色丰富多样，也被称为“彩虹宝石”。最常见的是黑色碧玺。

黄铁矿常被误认为黄金，故又称为“愚人金”。而实际上，黄铁矿是硫化亚铁组成的矿物。

蓝色霰石是一种碳酸盐矿物，是珍珠、珊瑚等天然物质的主要成分。

地球的表面

地壳的厚度从5千米到70千米不等。较厚的大陆地壳形成陆地，较薄的海洋地壳形成洋底。

地 壳

地壳分裂为几个不规则的板块，板块在接近地表的上地幔层上漂浮。

趣味科普

地球形成后不久就出现了早期的大陆块。在地球历史上，这些大陆块多次漂移、拼合、分裂。

移动不止

我们用“构造”这个词来形容这些板块的运动：一些板块擦肩而过，一些连在一起，还有一些越漂越远。

由于所有的地球板块像巨大的拼图一样拼在一起，因此一个板块的运动，会影响到它周围所有板块的运动。

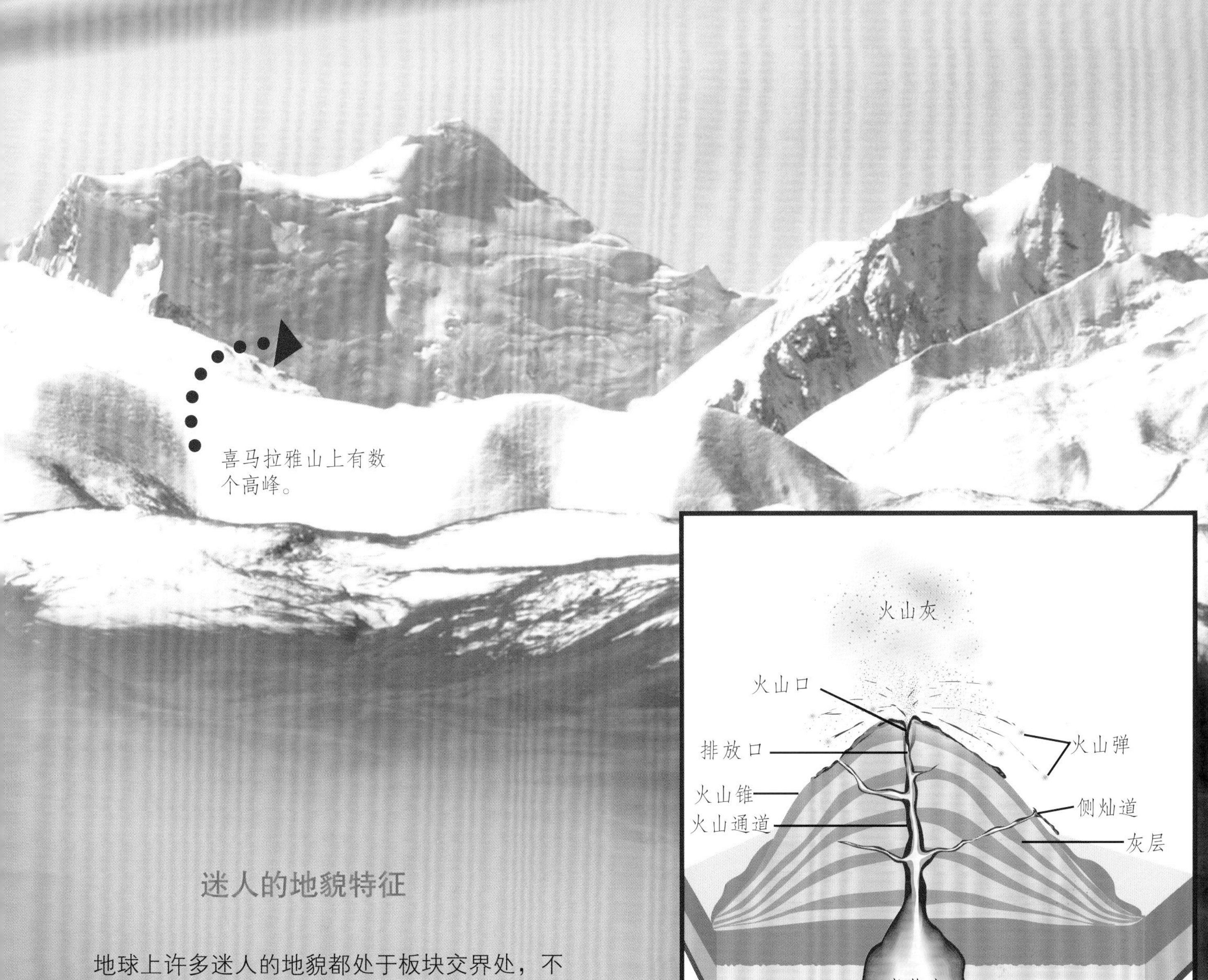

喜马拉雅山上有数个高峰。

迷人的地貌特征

地球上许多迷人的地貌都处于板块交界处，不同的板块在此处交汇。例如，山脉就是两个大陆板块碰撞形成的。

火山、海沟和地震都是地球板块运动的结果。

●人们认为液体外核的流动造成了地球的磁场。磁场创造了两个磁极，即磁北和磁南。

●大约2.5亿年前，地球上只存在一个巨大的大陆块——盘古大陆。

你知道吗？

2.25亿年前，盘古大陆开始分裂，各个新大陆开始形成。

山　脉

当洋底板块分裂时，地幔中的岩浆沿着板块交界处涌出。随着时间的推移，岩浆冷却变硬，形成新地壳的山脉或山脊。

随着板块运动的持续进行，扩张脊出现，更多的岩浆沿着生成的洋脊中心涌出。

以这种方式形成的新地壳的边界，叫作“扩张型板块边界”。

消减型板块边界或俯冲地带，则是在一个板块受到挤压，俯冲到另一个板块下方熔化形成。

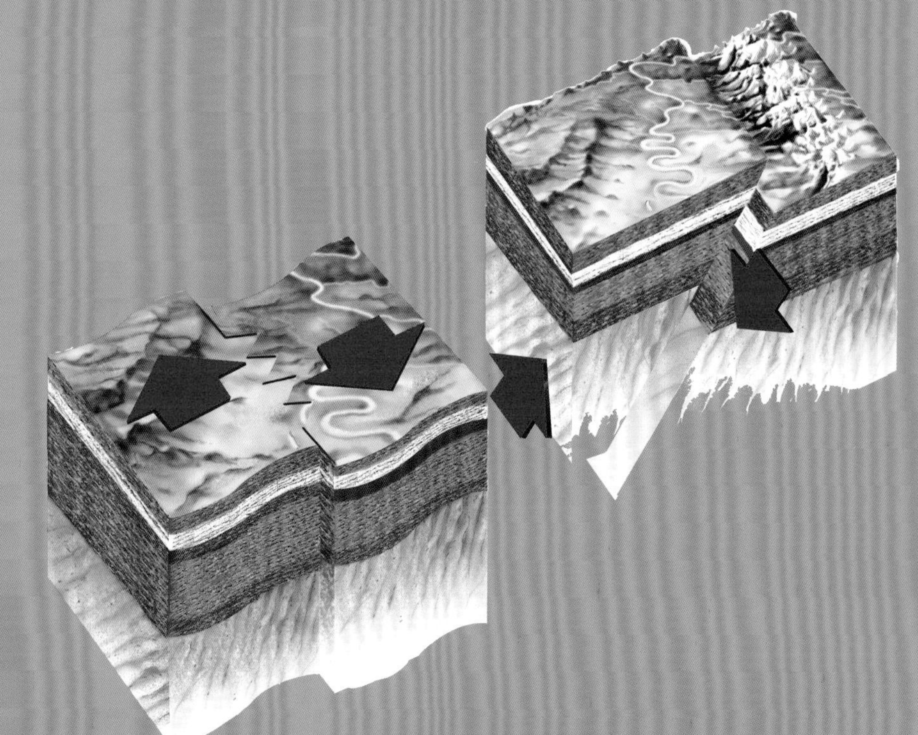

两个板块在地面上发生碰撞，引起地壳弯曲，并向上拱起，由此形成的高大山脉被称为“褶皱山脉”。

人类几乎不可能生活在天寒地冻的南极洲。

喜马拉雅山脉的珠穆朗玛峰是地球上海拔最高的山峰。

如果从地球中心开始测量山脉的高度，那么珠穆朗玛峰的高度甚至排不进前20名。

这是因为地球不是一个完美的球体，而是两极稍扁，中间略鼓，这使得赤道上的山脉地势较高。

●世界上海拔最高的未被登顶的山峰是干卡本森峰，是世界第40高峰。

●由于构造板块运动，珠穆朗玛峰每年上升约4毫米。

趣味科普

日本的三浦雄一郎是最年长的珠穆朗玛峰登顶者，他成功登顶时已经80岁。

你知道吗？

由于地球的特殊形状，如果从地球的中心开始测量，厄瓜多尔的钦博拉索火山才是世界上最高的山，是离太空最近的地方。

地　　震

地球板块运动引发的张力有时会造成岩石破裂或地表断层。

断层通常发生在地表的薄弱地带，进而引发更多的运动和破裂。所有的板块边界都是大的地表断层，这些断层都是从小裂缝开始演变的。

板块在地幔中不断运动，运动造成的压力在断层和板块交界处积聚。

当岩石突然滑移时，断层内的压力会快速释放，形成地震。

大多数地震很微弱，被人类无法感知。但是有些地震却具有极强的破坏性，地震过后，地面满目疮痍。

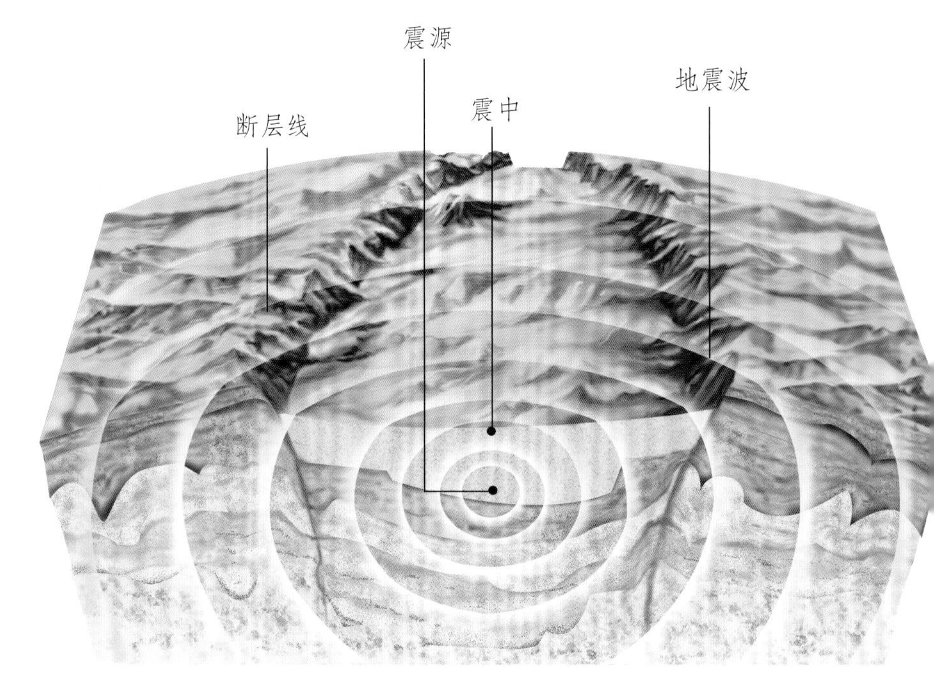

地震发生的起始点被称作“震源”，通常在地下5千米到15千米处。震源正上方对着的地面被称作“震中”。地震波从震源向四面八方传播。

趣味科普

1556年，中国发生了大地震，83万人在这次大地震中丧生。

▼ 檀香山地球物理观测站的仪器监测整个太平洋盆地远程站点的潮汐水平，也被用作海啸预警。

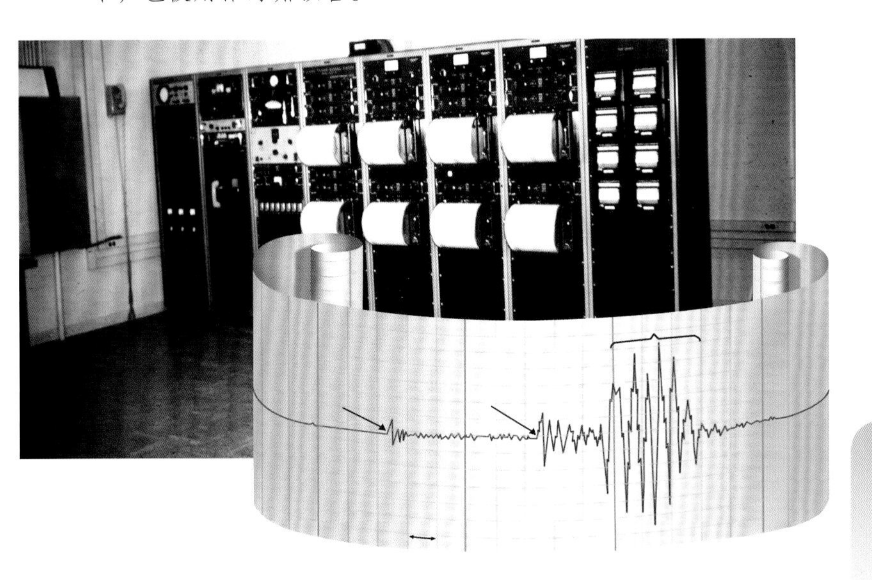

地震学家

地震学家是研究地震的科学家，他们可以通过激光束观测板块运动来预测大地震的发生。

●最新研究表明，老鼠会在地震来临前逃离发生地震的地区。

●在日本神话中，一只名为“Namazu”的巨鲶掌控着所有的地震。

习性改变

有时，动物习性的改变能警示人们可能会发生地震。在意大利拉奎拉地震发生的前几天，96%的雄性蟾蜍都离开了它们的繁殖地，可能是因为它们侦测到了地震发生前释放的气体和带电粒子。

类似的情况还发生在1975年，中国大地震的前一天，蛇受到震前地面振动的干扰，提前从冬眠中醒来。

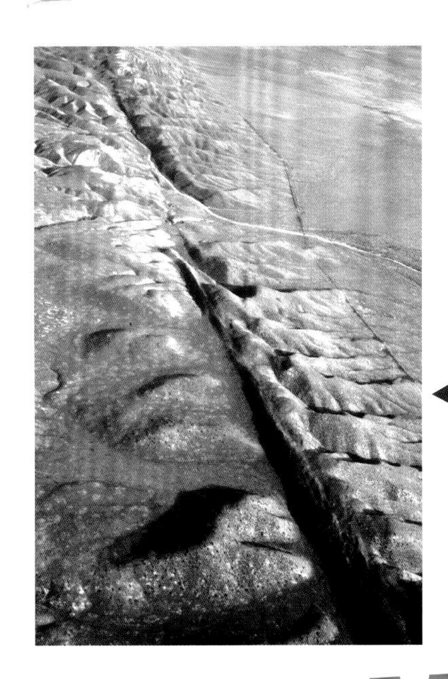

◀ 加利福尼亚州的圣安德烈亚斯断层是太平洋板块和北美洲板块相互冲撞的交界点。

你知道吗？

英国最大的地震发生在1580年，地震引起的海啸造成多佛150艘船只沉没，120人溺亡。

火　山

当两个板块断开，地幔中的岩浆升上地表，火山就形成了。岩浆剧烈爆炸、迸发，被称作“喷发”。

火山喷发出的岩浆就成了熔岩。

多数火山在地球板块交界处或在海底形成，这些地方的地壳最薄弱。但是也有一些火山在板块中部的热点上形成。

大多数火山喷发都伴有巨大的力量，将熔岩、火球和灰尘抛向高空。

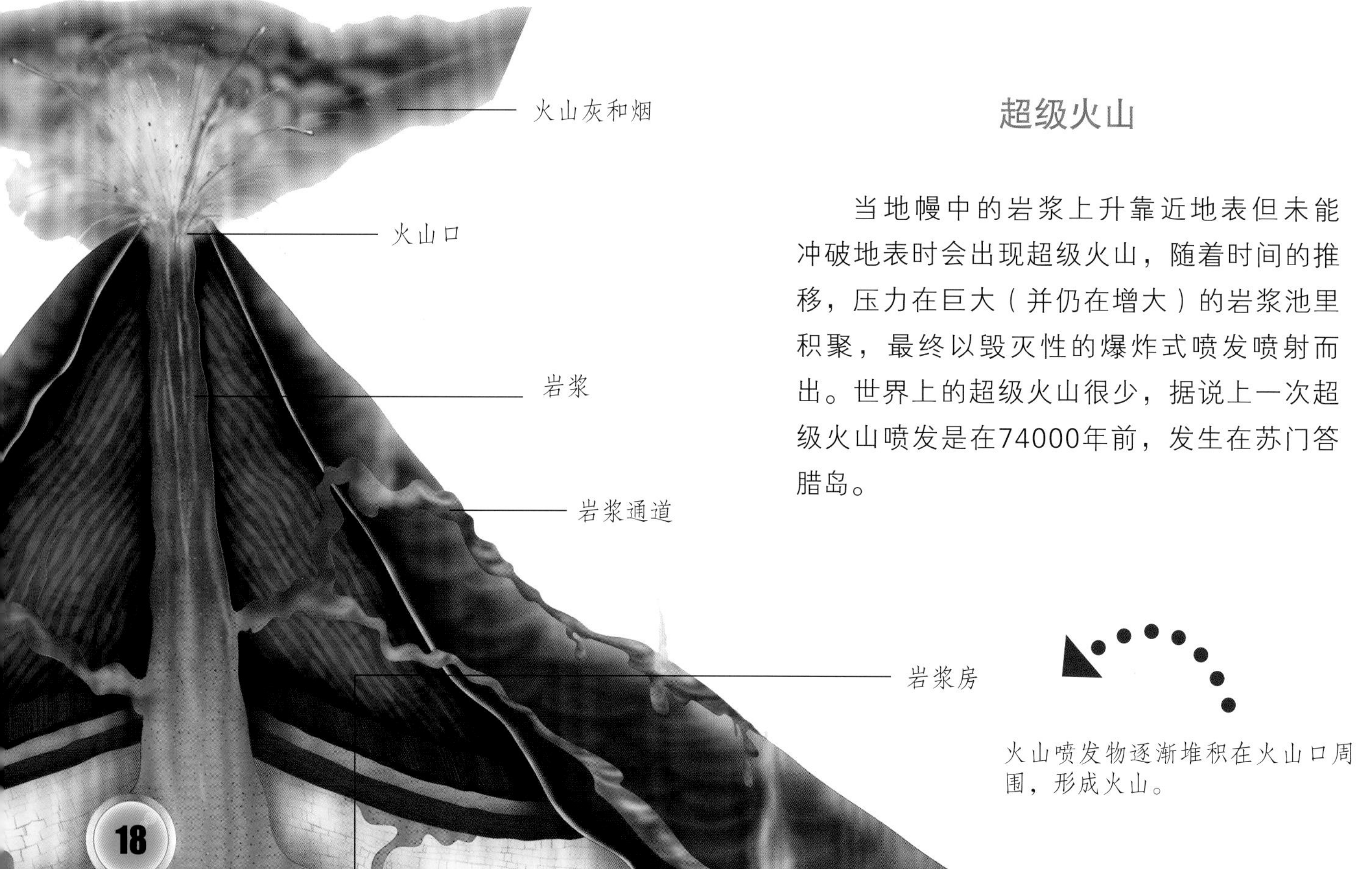

火山喷发物逐渐堆积在火山口周围，形成火山。

超级火山

当地幔中的岩浆上升靠近地表但未能冲破地表时会出现超级火山，随着时间的推移，压力在巨大（并仍在增大）的岩浆池里积聚，最终以毁灭性的爆炸式喷发喷射而出。世界上的超级火山很少，据说上一次超级火山喷发是在74000年前，发生在苏门答腊岛。

热　　点

科学家们认为，当岩浆流烧穿地壳、喷出地表时，就形成了热点，这些炽烈的热流叫作“岩浆柱”。

主要的热点有冰岛热点、留尼旺热点和埃塞俄比亚东北部地下的阿法尔热点。

火山喷发喷射出三种物质：熔岩、岩石和气体。

●世界上每20个人中就有一个人生活在活火山的“危险范围”内。

●火山不只发生在陆地上，也会发生在海底或冰盖下。

●熔岩的温度可以高达1250℃。

俯冲带

火山也会在俯冲带形成，俯冲带是一个板块受到挤压俯冲到另一个板块下方并开始熔化的地带。

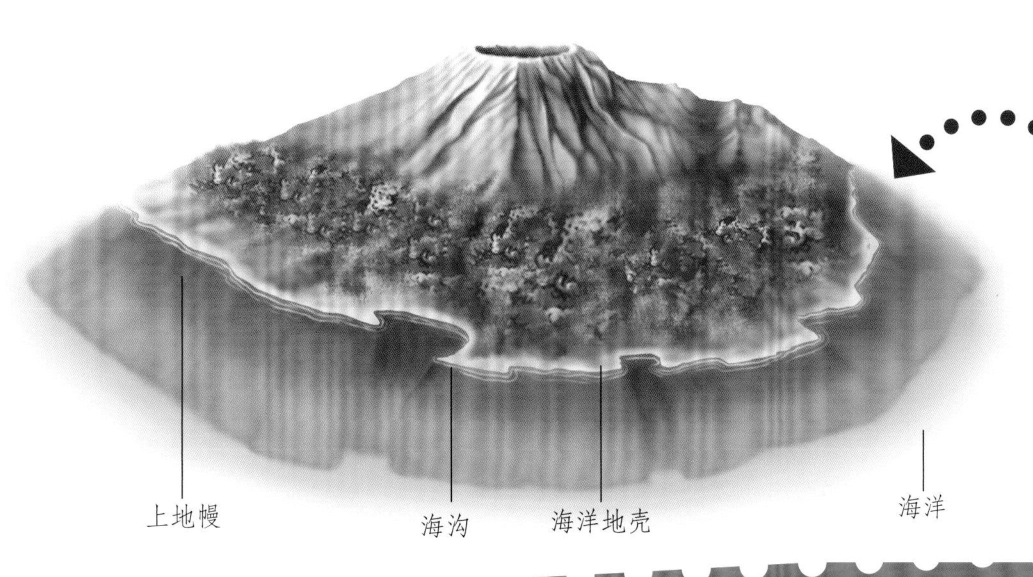

海底火山喷发使大量熔岩沉积在洋底，久而久之，这些沉积物逐渐增高，直到冒出海面，形成一座新的海岛。

你知道吗?

“火山（Volcano）”一词来源于罗马火神“伏尔甘（Vulcan）”的名字。

地球的大气层

我们的星球笼罩着一层很厚的气体，即大气层。大气层的分布受地球引力作用影响。由于有了大气层，生物才能够在地球上生存。

由于阳光穿过大气层时被过滤，从太空俯视，大气层就像一层蓝色的薄雾。

正是这些气体使生物能够呼吸周围的空气，这些气体也像盾牌一样保护我们不受太阳紫外线的伤害。

早期的大气对生物有害。

当类似于植物的生物首次出现在地球海洋中，可呼吸的大气才开始形成。这些生物借助太阳光从水和二氧化碳中制造食物，同时将副产品氧气释放到空气中。

数百万年后，地球大气层中有了足够的氧气，为形成新的、更复杂的生命提供了条件。

燃料和森林燃烧向大气中释放了大量的二氧化碳，二氧化碳逐渐堆积，将太阳的热量截留在地球周围，这就是温室效应。温室效应可能会引起全球变暖。

趣味科普

如果你乘坐热气球在大气层中飞行，你就会发现，越是到高处，空气就越稀薄，呼吸就越困难。

像洋葱一样的分层

对流层：对流层从地球表面开始向高空延伸，直至8~14.5千米为止。大气层的这一部分密度最大，几乎所有的天气现象都在对流层发生。

平流层：平流层从对流层顶开始，再向上延伸50千米。臭氧层就在平流层内，臭氧能吸收和散射太阳紫外线。

中间层：中间层是自平流层顶到85千米之间的大气层。流星在中间层燃烧掉。

热层：热层是自中间层顶到600千米之间的大气层。极光和卫星在热层出现。

电离层：太阳辐射会引起电离层扩大或收缩。由此，电离层还可以再进行区域划分。电离层存在高浓度电子和电离原子，能够反射无线电波，实现无线电通信。

外逸层：外逸层是地球大气层的最外层，从热层顶到大约10000千米的高度。

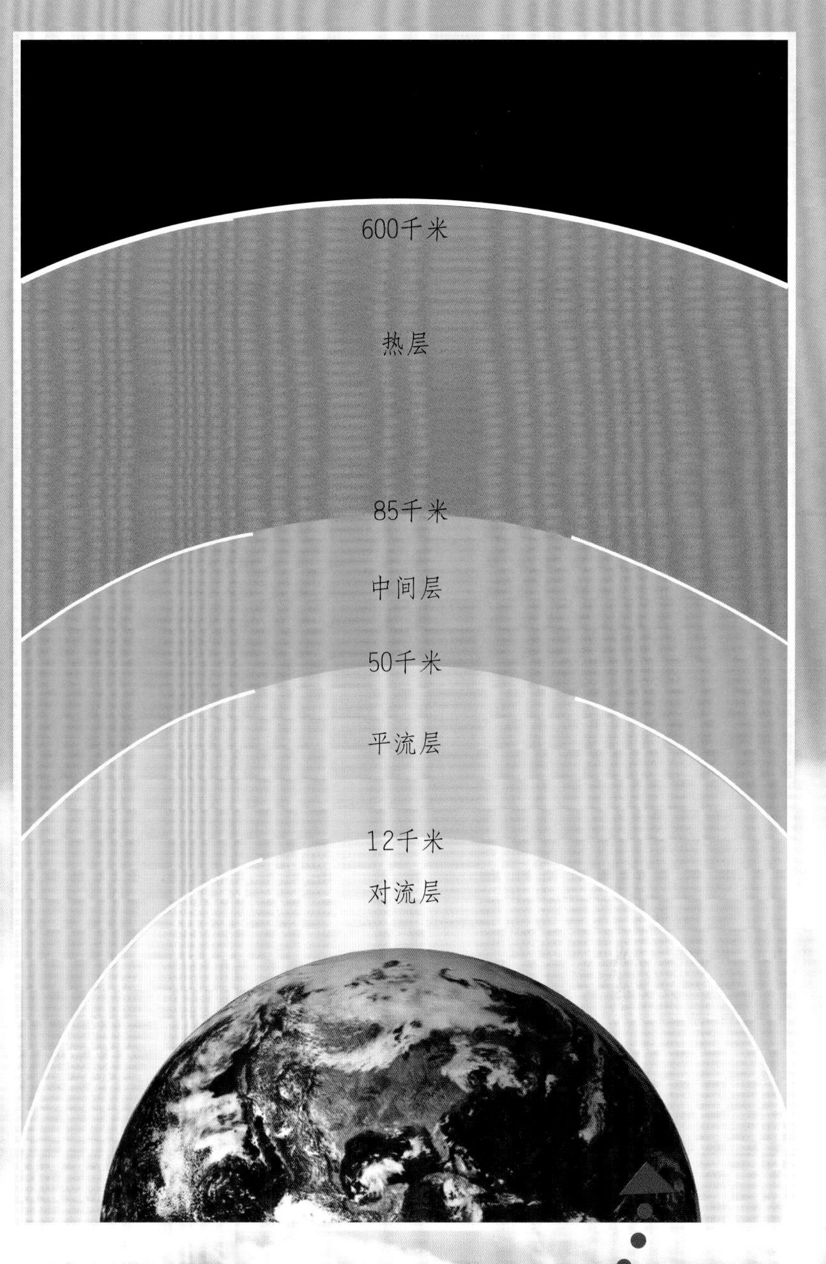

在对流层，你能发现地球生命。

你知道吗？

大气层中的各种气体经过45亿年的发展演变，约99%的大气由氧气和氮气组成，余下的是极微量的气体。

地球上的生命

生物需要适量的热量和太阳光，以及食物、水和氧气才能生存。

地球是太阳系中唯一一个有生命存在的行星。地球经历了数十亿年的时间，才创造了如今适宜动植物生存的条件。

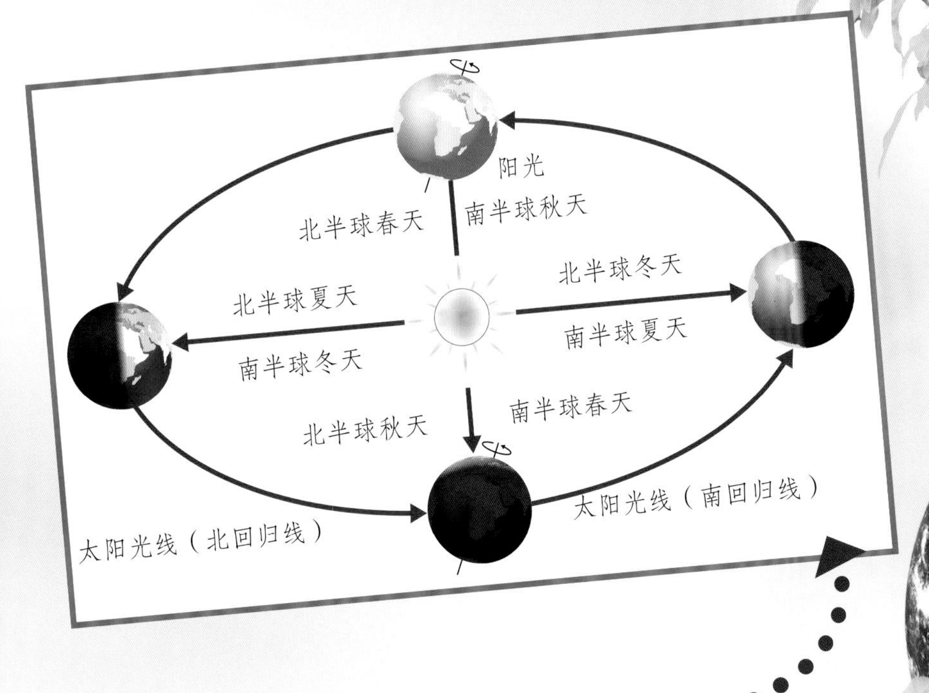

地球绕着太阳转。

人　口

我们用“人口”这个词形容生活在一个特定地方的所有人，当今世界人口处于历史最高值，而且还在持续增加。

资　源

快速增长的人口需要越来越多的地球资源，以满足人类对食物、住所和燃料的需求。为此，人们改造了身边的世界。

●如果地球上的土地都平等分配给全部人口，我们每个人将会获得约2.7个足球场大小的土地。

●地球已经超过40亿岁了，据预测只能再维持5亿年的生命存在。

●目前有超过1000颗人造卫星和21000个人造太空碎片绕地球运行。

●地球上一天的长度以每世纪17毫秒的速度在增长。

趣味科普

地球各处的重力并不相同，一个人在赤道上重68千克，在北极则重68.5千克。

绿色的地球能创造更健康的环境。

你知道吗？

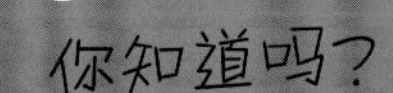

地球上有生命的地方，被称作“生物圈”。

远古生命

众所周知，经历数十亿年的演变，地球才变成如今这样适合种类繁多的动植物共享的星球。

科学家根据地质年代测量了地球，将它分为四个时期：

前寒武纪——46亿年前—5.45亿年前：这一时期出现了第一个单细胞生物，人类已知的最早的化石可以追溯到这个时期。

古生代——5.45亿年前—2.5亿年前：化石记录表明，在这一时期，地球上不同生物的数量大大增加，从海洋甲壳生物和小型节肢动物（身体分节的生物）到最早的脊椎动物（有脊椎骨的动物）和两栖动物（在水中和陆地都能呼吸的动物）。古生代末期，两栖动物演化成最早的爬行动物，迅速在陆地上繁衍，而同一时期陆地也拼合成一个巨大的大陆板块。

中生代——2.5亿年前—6500万年前：这一时期，爬行动物数量激增，恐龙出现。直到6500万年前，可能是因为地球气候发生巨大变化，恐龙灭绝。

新生代——6500万年前至今：恐龙灭绝后，哺乳动物出现。据推测，恐龙在这一时期的巨大气候变化中彻底灭绝。而哺乳动物却幸存下来，这是因为哺乳动物能够调节自身的体温。

前寒武纪（生命的黎明）——最早的单细胞有机体和早期多细胞软体生物出现。

古生代（远古生命）——地球上许多地方炎热、潮湿，植物、森林和沼泽生物繁盛。

寒武纪——最早的甲壳生物出现。

奥陶纪——最早的陆地植物和鱼类出现。

志留纪——最早的小型陆地动物出现。

泥盆纪——最早的两栖动物出现。

石炭纪——大型昆虫、最早的爬行动物和森林出现。

二叠纪——最早生活在水中的爬行动物出现。

中生代（中生代生命）——恐龙时期。

三叠纪——最早的恐龙和硬骨鱼出现。

侏罗纪——大型恐龙、最早的哺乳动物和鸟类出现。

白垩纪——最早的开花植物出现。

新生代（近代生命）——哺乳动物时期。

第三纪——现代哺乳动物、无脊椎动物和鸟类出现。

第四纪——最早的人类出现。

你知道吗？

体重最大的恐龙是腕龙，重达80吨，相当于17头非洲大象的重量。

地球上的植物

植　物

像所有的生物一样，植物依靠大气层中的气体生存。多亏有了植物，我们人类才能够呼吸周围的空气。

大约35亿年前，类似植物的生物首次出现在海洋中，这些生物借助太阳光从水和二氧化碳中制造食物，同时将副产品氧气释放到空气中，这个过程被称作“光合作用”。在数百万年的时间里，光合作用产生了足够的氧气，为其他生命的形成提供了条件。

光合作用

几乎所有生物的生存都依赖光合作用。它不仅在保持大气层氧气和二氧化碳平衡方面起着重要作用，还使我们所需的植物性食物保持营养，并确保植物能够生长繁盛，成为郁郁葱葱的雨林和阴凉的林地，为鸟类、昆虫等各种动物提供栖息地。

适应能力

像其他生物一样，植物必须适应环境才能生存。例如仙人掌和众多沙漠植物，通常生活在降水极为稀少的干旱地区。因此它们会在宽厚的茎中储存大量的水分，并且拥有发达的根系，能够吸收土地深处的水分。

●我们吃的一切都来自植物，或者直接吃掉植物，或者间接吃掉植食性动物。

●所有的植物都可以分为两类：包括玫瑰、向日葵和绝大多数树木在内的开花植物和苔藓、蕨类等不开花植物。

●有些植物吞食昆虫和其他极微小动物，被称为“食肉植物”，通常生长在土壤贫瘠的地区。

气　候

与沙漠植物相反，生长在气候寒冷地区、高山和干燥河床的北极罂粟，在石头间茁壮成长，因为石头吸收太阳的热量并能保护罂粟的根部。罂粟花始终追随着太阳，朝向天空盛放。

你知道吗？

现在世界上有大约30万种植物。

水，无处不在

大约71%的地球表面被水覆盖，形成5个大洋和许多较小的海洋。

世界上的海洋非常重要，不仅为地球上大量的生物提供了家园，也影响了全球的天气和气候条件。

海水不断地大规模流动，称为“洋流”。

海水吸收太阳的热量，尤其是在热带地区，海水通过表层流将热量带向全球，影响水深达350米的海洋温度。

趣味科普

我们呼吸的大约70%的氧气是海洋产生的。

“太平洋”的名字来自拉丁语，意思是“平静的海洋”。

来自北极和南极的冰水下沉到温暖的表层流下方，流向赤道，被太阳晒暖后，也变成表层流。之后，它改变方向，流回两极，变成更加寒冷的深层流。

海洋不断地被月亮引起的潮汐推动。

月球绕地球运转时，月球的引力使地球两侧的海水都膨胀起来。24小时内，当海平面分别达到最高点和最低点时，会出现两次涨潮和两次退潮。

苏必利尔湖是北美五大湖区中最大的湖泊。

你知道吗？

太平洋是世界上最大的海洋，约占地球表面积的30%。

河　　流

溪水汇合形成河流，河流流经陆地，最终汇入大海或湖泊。

随着时间的推移，河流侵蚀了流经的岩石，造成岩石、卵石、沙子和淤泥沉积，从而改变了地球表面的形状。

尼罗河全长6853千米，是世界上最长的河流。

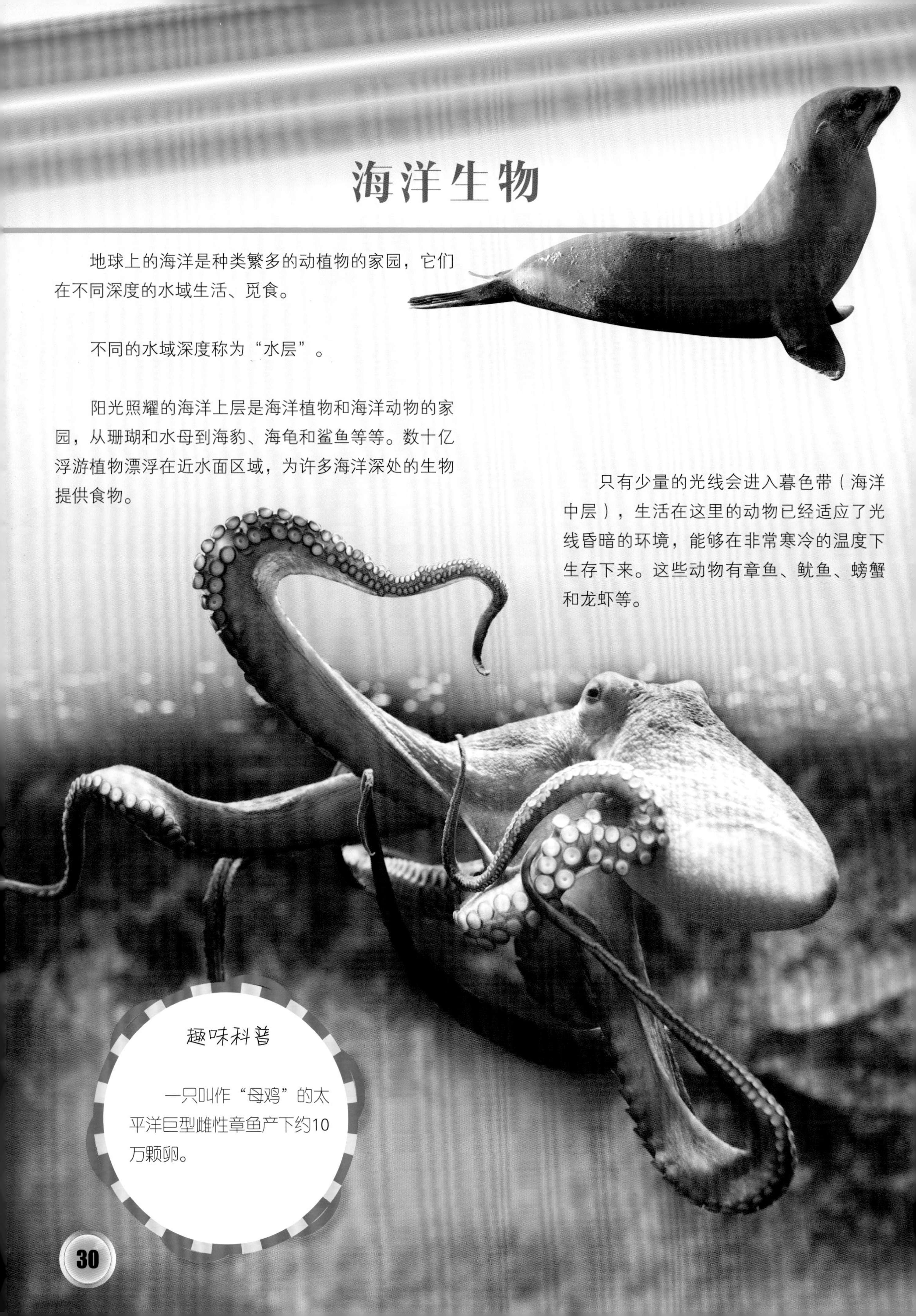

海洋生物

地球上的海洋是种类繁多的动植物的家园，它们在不同深度的水域生活、觅食。

不同的水域深度称为“水层”。

阳光照耀的海洋上层是海洋植物和海洋动物的家园，从珊瑚和水母到海豹、海龟和鲨鱼等等。数十亿浮游植物漂浮在近水面区域，为许多海洋深处的生物提供食物。

只有少量的光线会进入暮色带（海洋中层），生活在这里的动物已经适应了光线昏暗的环境，能够在非常寒冷的温度下生存下来。这些动物有章鱼、鱿鱼、螃蟹和龙虾等。

趣味科普

一只叫作“母鸡”的太平洋巨型雌性章鱼产下约10万颗卵。

阳光照射不到的半深海层极度寒冷，生存在这里的动物主要靠从水面沉下的死亡的浮游生物为食。由于这一水域很深，水压巨大，所以人类很难到达这里进行探索。生活在这里的动物有灯笼鱼、雪茄达摩鲨和深海水母等。

深海层（深渊带）接近冰点，一片漆黑。在这一水层生存的多数动物，都有发光器官，用来吸引猎物，如琵琶鱼。

●世界上已知的海洋动植物有100万种，还有更多的海洋物种没有被发现。

●大约有65000个新“发现”的物种还有待正式命名。

●珊瑚礁只占不到1%的海底面积，但却养活了大约25%的海洋生物。

你知道吗？

大多数章鱼的身体都像海绵一样，柔韧灵活，但它的眼睛却很坚实，大多数种类的章鱼都能挤进比眼睛稍大的狭窄空间。更为奇特的是，无论章鱼的位置如何变化，章鱼的眼睛都保持在同一个方向，所以即使它侧过身，甚至头朝下，它也会目不转睛地凝视同一个地方。

天气条件

天气是什么？

我们用“天气”这个词来描述接近地球表面的大气环境，包括气温、风速、气压，以及空气湿度等。其他因素包括云量和降水量（降雨或下雪）。

太阳是影响天气的关键因素，地球中心或赤道附近的地表受到太阳的直射，也是受阳光影响最强的地区。离赤道越远的地方，热量覆盖面积越大，天气就越冷。

趣味科普

赤道地区全年日照强度相同，这些地方只有两个不同的季节：雨季和旱季。

不同的季节

地轴倾斜造成一年中天气的变化。随着地球绕太阳转动，太阳光照射到不同的地方，产生季节变化。

四个主要的季节是春季、夏季、秋季和冬季。

看看这些树木的四季变化。

时而阳光明媚，时而……

太阳的热量使海水蒸发，水蒸气上升、冷却，凝结成小水滴，水滴又积聚成云。

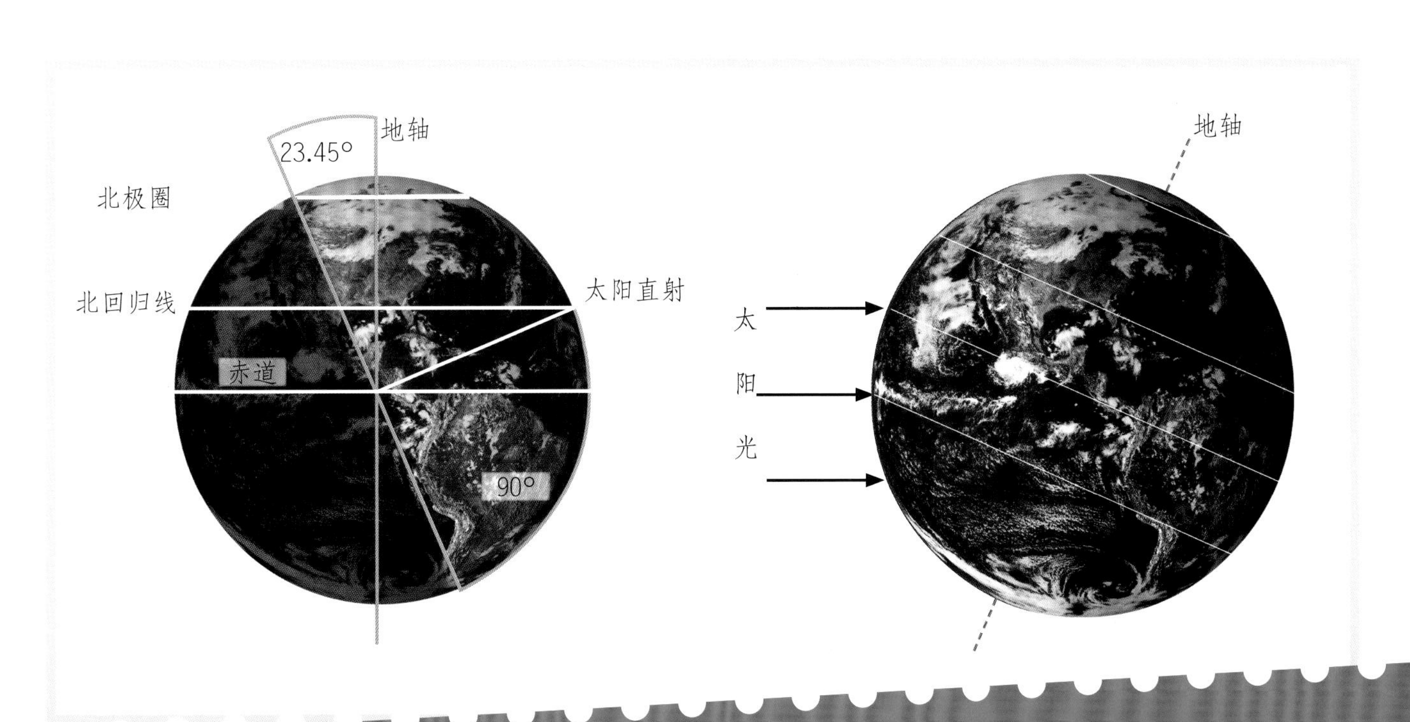

你知道吗？

当地球北极向太阳倾斜，北半球获得更多的阳光时，这就是夏天。随着地球绕太阳转动，北极的倾斜度发生改变，当北极远离太阳时，北半球的光照变少，冬天来临。夏冬两季之间是春季和秋季。

地球气候

一个地区一段时期内典型的天气条件和模式被称为“气候”。影响气候的主要因素有所处地球表面的位置，以及相应的阳光照射情况、离海洋的距离和海拔高度。

山地气候气温随海拔（海平面以上的高度）的升高而降低，影响当地的植被类型。

极地气候终年严寒，无明显变化，也极少下雨雪，难有植物生长。极地动物长着厚厚的皮毛或脂肪来保暖。

雪豹最适宜寒冷的环境。

沙漠气候非常干燥，降水极其稀少。白天非常暖和，但到夜间气温骤降。生活在沙漠里的很多动物和植物自身都能储存水分。

地中海地区全年气候温暖，但通常冬天潮湿，夏天干燥。柑橘类水果在地中海气候中长势良好，因为厚厚的果皮可以防止炎热天气里水分的流失。

赤道周围的地区被称为“赤道带”，常年炎热潮湿，是形成热带雨林的理想条件。

城市的气候通常比周边建筑物稀疏的地区更温暖，因为混凝土吸收和保持热量的时间比植被更长。

温带地区天气多变，全年都有降雨，气温随季节的变化而变化。

沿海或海洋气候温和湿润，因为陆地和海洋上的空气不断流通，白天吸收热量，夜晚热量流失。

趣味科普

苔原地区风速极大，冬季气温较低。只有像地衣这样耐寒、生长缓慢的植物才能在这里生存。

巨大的海龟。

你知道吗？

热带气候全年气温较高，一年只有两个季节：雨季和旱季。

栖息地

老虎身上的毛色呈条纹状，与透过树梢照射到丛林地面的阳光混为一体，这能帮助老虎隐藏在茂盛的草丛中。老虎捕猎时采取偷袭和伏击的方式，再加上巨大的掌、锋利的爪和可怕的颌，使得老虎成为强大的捕食者，在草原和森林中生存繁衍。

青蛙是适应性很强的动物。

老虎是世界上最大的猫科动物。

树蛙捕食昆虫和其他小动物，许多树蛙可以变色以融入周边环境，让猎物措手不及。树蛙脚上有吸盘，防止它从树上掉落。

趣味科普

为了在自然环境中生存，动植物必须适应周遭世界。

短吻鳄的厚角质皮肤有助于隐蔽——伪装的鳄鱼看起来很像一根烂木头。鳄鱼一生都在不断地换牙，随时保持多达80颗牙齿。短吻鳄的眼睛、耳朵和鼻孔都位于头顶，以确保这些部位能露出水面，有助于捕获猎物发出的信息。鳄鱼能在水下屏住呼吸长达一个小时。

你知道吗?

动物一词来源于拉丁文“anima”。

●老虎能像家猫一样发出呼噜声。

●所有猫的胡须都能卷成像我们的指纹一样的形状。

●乌龟是地球上最古老的动物之一，可以追溯到2.5亿年前，在恐龙出现之前。因而在日本，人们把乌龟作为新婚礼物送给新郎新娘，祝福新人幸福长寿。

海豚和鲸鱼都是海洋哺乳动物，这意味着它们的呼吸方式和生育后代的方式都和鱼类不同。海豚有发达的视觉和听觉，可以通过发出咔嗒声和哨声来相互交流，也可以发出特别高频的咔嗒声来导航和觅食，这个过程被称为“回声定位”。

乐于改变

为了在自然环境中生存，动植物必须适应周遭世界。

例如，袋鼠就完美地适应了澳大利亚内地的恶劣气候条件，它们在缺水的情况下能生存很长时间。当袋鼠必须寻找食物和水时，它们的奔跑速度可以达到每小时70千米，这种高效的行进方式意味着它们可以在极短的时间内走很远的路。

趣味科普

红袋鼠是世界上最大的有袋动物。雌性袋鼠一次只生一个宝宝，刚出生的袋鼠宝宝比樱桃还要小。

热带水罐植物是食肉植物，它们用香甜的气味和甜甜的花蜜引诱猎物进入陷阱。除了昆虫，大型猪笼草还能吸引和消化较大的动物，包括老鼠和蜥蜴。

大部分种类的猪笼草都生长在东南亚。据说，猴子会从水罐状的猪笼草中取雨水喝，因此猪笼草有个绰号叫“猴子杯”。

与其他熊类不同，北极熊已经适应了在水里和陆地上生活。北极熊是游泳健将，能持续游160千米。

北极熊脚掌宽大，脚底多毛，这不仅可以帮助它们在冰雪上分散体重，还能保暖防滑。除保暖作用外，北极熊的白色皮毛还有伪装的作用。北极熊的小耳朵能防止热量流失。

秃鹫可能不漂亮，却是大自然的清洁工。

北极熊生活在北极地区，人类几乎不可能在严寒的北极生存。

秃鹫是食腐动物。它们在空中靠气流滑翔，搜寻地面上的尸体为食。秃鹫光秃秃的头和脖子有助于保持清洁，防止动物尸体上的细菌残留，引起羽毛溃烂、传播疾病。

你知道吗?

实际上，北极熊长着黑色的皮肤和白色的毛发。北极熊浓厚中空的毛发反射太阳光线，给北极熊披上了一件白色的皮袄。

自然资源

正如我们所知，世界人口增长，对地球资源的需求日益增加。地球资源多藏在地表以下，有宝石、金属和燃料等。

化石燃料

煤、石油和天然气是我们熟悉的化石燃料。它们有很多用途，如为机动车提供动力、发电等。

化石燃料是由岩石中埋藏了数百万年的动植物遗体或残骸形成，这些有机体中蕴藏的化学能量在燃烧时得以释放。

由于人类对化石燃料的需求巨大，而这些燃料的形成又耗时太长，所以供应非常有限。

核　　能

放射性物质在原子分裂时产生核能。许多人认为核能可能是未来最高效、便捷的能源，但核能也会产生危险的放射性废物，很难安全处理。

矿　　业

开采地表下的燃料和矿石是一个艰辛并且花费巨大的过程，加之许多资源已被消耗殆尽，开采过程就更加困难了。

材料的再利用和循环有助于地球自然资源持续更长时间，但科学家们必须寻找其他燃料来源来满足人口日益增长的需求。

煤炭是最宝贵的自然资源之一，是植物遗骸形成的。

可再生能源

只有5％的地球能源是可再生的，也就是不会耗尽的能源，包括来自太阳的热量（太阳能）和来自地下岩石的热量（地热能）以及用于推动风力涡轮机的风能和用于水力发电站的水能。

与化石燃料相比，可再生能源的可靠性和效率通常要低一些，因为可再生能源要依赖特定的天气条件才能发挥作用。

趣味科普

最大的风力涡轮机产生的电力能够供应600户人家使用。

你知道吗？

在所有化石燃料中，煤炭的储量最大，但随着人口的持续增长，煤炭的使用量越来越大，很快就会供不应求。据说，我们目前的煤炭储备量可以满足全球大约180年的生产需求。

词汇屋

两栖动物：脊椎动物的一纲，通常没有鳞或甲，皮肤没有毛，四肢有趾，没有爪，体温随气温的高低而改变，卵生。

大气层：1.地球的一圈气体保护层，使动植物得以生存。2.行星外部的气体圈层。

气候：一定地区里经过多年观察所得到的概括性的气象情况。

大陆：地壳被划分成的大片陆地。

地震：地壳震动，通常由地球内部的变动引起。

震中：震源正上方的地面。

赤道：一根人为划分的线，将地球平均分为北半球和南半球。

断层：由板块运动引起的地表裂缝。

地质学家：研究地球起源、结构、形成和演化规律的科学家。

全球变暖：指全球气温上升，是一种和自然有关的现象。

温室效应：指的是大气保温效应。

热点：地表上被炽热的岩浆流灼烧的区域。

火成岩：岩浆（熔化的岩石）冷却、固化形成的岩石。

熔岩：喷发到地表上的岩浆。

岩浆：熔化的地下岩石，是地幔的一部分。

变质岩：已有的岩石在高温高压作用下改造而成的岩石类型。

核能：原子核中蕴藏的能量。

轨道：物体转动的路径。

盘古大陆：地球上仅有的一个巨大的大陆块，2.25亿年前开始分裂，形成我们今天所熟知的各个大陆。

可再生能源：不会耗尽的能源。

沉积岩：矿物颗粒经过水的沉积、埋藏并挤压进地层形成的岩石。

地震波：从震源产生向四周传播的冲击波。

稀薄：空气、烟雾等密度小，不浓厚。

繁衍：繁殖衍生，使生物数量逐渐增多。

地貌：对地球表面各种各样的形态的总称。也称为地形。

断层：地壳受力发生断裂，断裂面两侧的岩层发生位移形成的地表形态。

燃料：可燃烧的物质。根据物质状态可分为固体燃料、液体燃料和气体燃料。

极地：地球上最寒冷的地方。在地球的南北两端。

细菌：生物中的主要类群之一，也是数量最多的一类。有的细菌对人和动植物的生长有利，有的细菌会导致人和动植物患病。

日益增长：事物随着时间的增加而增加（提高）。

陷阱：为诱捕猎物（敌人）而经过伪装的坑、洞等。

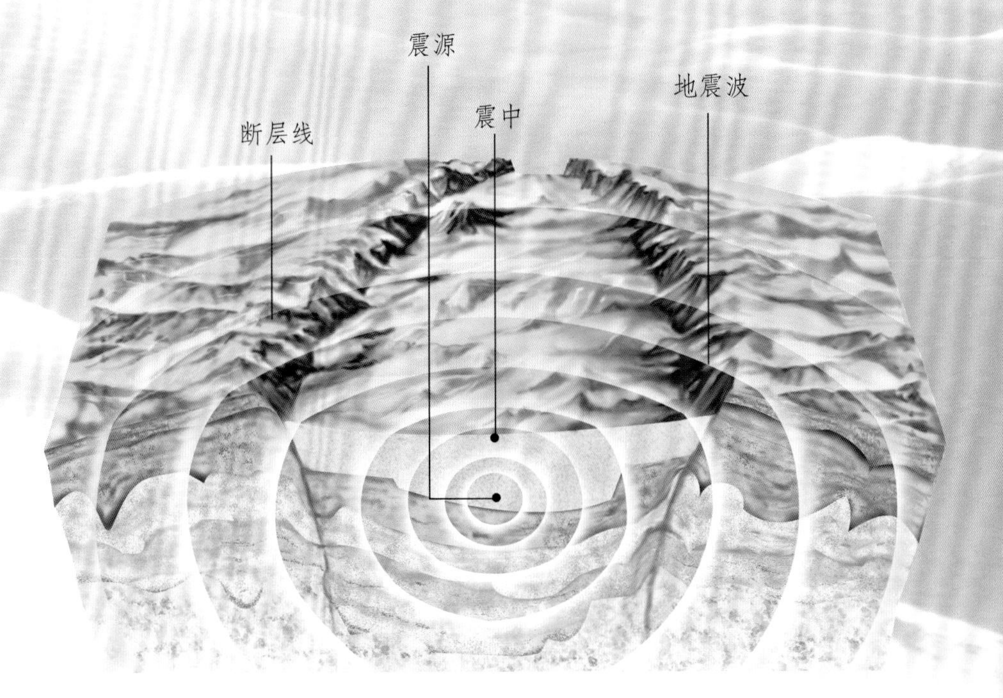

主题内容多元化，涵盖世界发明与发现、战斗机、汽车、地球、生物等。增加趣味科普、事实档案、小贴士、词汇屋等小板块，益智添趣，拓宽视野，丰富知识面。特别适合3～6岁亲子共读或7～12岁的孩子自主阅读。

图书在版编目（CIP）数据

地球大发现 / 英国North Parade出版社编著；段晓丽，刘静言译. —昆明：晨光出版社，2020.8

（小爱因斯坦神奇星球大百科）

ISBN 978-7-5715-0337-6

Ⅰ. ①地… Ⅱ. ①英… ②段… ③刘… Ⅲ. ①地球科学—少儿读物 Ⅳ. ①P-49

中国版本图书馆CIP数据核字（2019）第217780号

DIQIU
DA FAXIAN

地球大发现

［英］North Parade 出版社◎编著
段晓丽　刘静言◎译

出版人：吉彤

策划：吉彤　程舟行
责任编辑：朱凤娟　杨立英
装帧设计：唐剑
责任校对：杨小彤
责任印制：廖颖坤
出版发行：云南出版集团　晨光出版社
地址：昆明市环城西路609号新闻出版大楼
发行电话：0871-64186745（发行部）
0871-64178927（互联网营销部）
法律顾问：云南上首律师事务所　杜晓秋

排版：云南安书文化传播有限公司
印装：云南金伦云印实业股份有限公司
开本：210mm × 285mm　16开
字数：60千
印张：3
版次：2020年8月第1版
印次：2020年8月第1次印刷
书号：ISBN　978-7-5715-0337-6
定价：39.80元

晨光图书专营店：http://cgts.tmall.com/